AF402655

L. MATHIEU

Carrefour de l'Odéon, 16, à Paris

FABRICANT D'INSTRUMENTS DE CHIRURGIE, ORTHOPÉDIE, ETC.

FOURNISSEUR DES HOPITAUX DE PARIS

DES FACULTÉS FRANÇAISES ET ÉTRANGÈRES, DE LA MARINE NATIONALE

DES CHEMINS DE FER, ETC.

ORTHOPÉDISTE DE LA MAISON NATIONALE DE LA LÉGION D'HONNEUR DE SAINT-DENIS

PREMIÈRES MÉDAILLES AUX EXPOSITIONS UNIVERSELLES

DE PARIS ET DE LONDRES

Chevalier de la Légion d'honneur à l'Exposition de Londres 1862, croix de Léopold de Belgique et du Medjidié

Seul Grand Prix à l'Exposition universelle de Paris 1867

CATALOGUE

DES

INSTRUMENTS ANTHROPOLOGIQUES

COUTELLERIE FINE, APPAREILS DE MÉDECINE ET DE CHIRURGIE

ET TOUT CE QUI A RAPPORT A L'HYGIÈNE ET AUX SCIENCES

COMMISSION & EXPORTATION

1873

CATALOGUE

DES

INSTRUMENTS ANTHROPOLOGIQUES

Ces instruments se divisent en trois groupes, suivant qu'ils se rapportent à l'anthropométrie, à la craniométrie ou à l'ostéométrie.

Les instruments encore inédits que nous avons construits, sous la direction de M. Broca, pour le Laboratoire d'anthropologie de l'École des Hautes Études, sont indiqués par ces mots entre parenthèses : (Laboratoire d'anthropologie).

Les renvois aux *Instructions générales de la Société d'anthropologie* se rapportent à l'édition de Paris, 1865, grand in-8° ; Victor Masson et fils.

A

ANTHROPOMÉTRIE

1. Rubans métriques en fil, de 1 mètre 50 cent., libres ou enroulés dans un baril. — Prix : 1 fr.

2. Le ruban métrique anglais, en métal flexible, enroulé dans un baril métallique ; gradué, d'un côté, en centimètres, et de l'autre côté, en pouces anglais. — Prix : 9 fr.

3. Le double mètre articulé à ressorts. Il se termine par un petit œillet métallique qui permet de le fixer contre un mur à l'aide d'un clou ou d'une vrille. — Prix : 3 fr.

4. La grande équerre graduée. Grand côté, 25 cent.; petit côté, 15 cent.; épaisseur, 1 cent. Elle sert à mesurer la taille de l'individu et la hauteur des divers points du corps au-dessous du sol. — Prix : 2 fr.

5. La planche graduée (Broca). Longueur, 1 mètre; largeur, 15 centimètres. Fig. 1. Sert à mesurer la hauteur des divers points du corps au-dessus du sol. La rainure longitudinale reçoit le dos de l'équerre directrice (n° 6).

Pour la description et l'emploi de la planche graduée, voyez *Instructions générales de la Société d'anthropologie*, p. 39.

Cet instrument embarrasserait les voyageurs, mais il est très-utile aux observateurs sédentaires. — Prix : 34 fr.

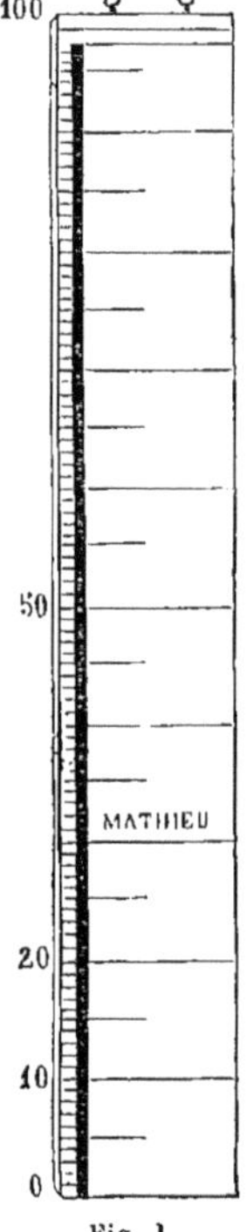

Fig. 1.

6 et 7. L'équerre directrice et l'équerre exploratrice (Broca). Fig. 2.

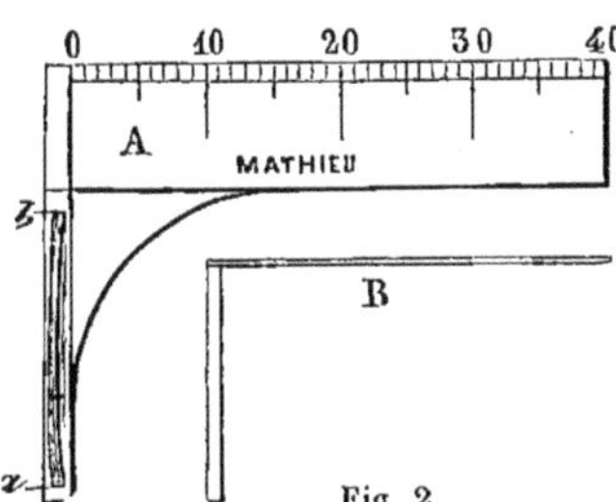

Ces deux instruments servent au procédé de mensuration dit *de la double équerre.* Voy. *Instructions générales,* p. 38-40. On les emploie pour un grand nombre de mesures, mais leur but principal est la mensuration *de l'angle facial et du triangle facial.* Fig. 3.

La tête du sujet étant adossée à la planche graduée (n° 5), le dos de l'équerre directrice est introduit dans la rainure de la planche, et le côté horizontal CD de cette équerre est amené au niveau du trou auditif C, fig. 3. Alors on applique l'équerre exploratrice sur l'équerre directrice, et on l'amène d'avant en arrière jusque sous la cloison du nez, fig. 4, afin de s'assurer que la ligne basi-faciale de Camper est horizontale. Puis, la tête ne bougeant plus, on déplace les deux équerres, et on détermine, par la méthode des

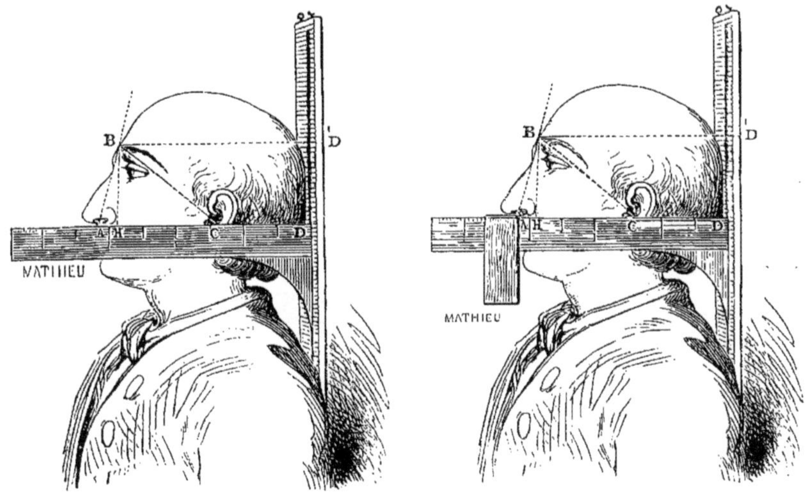

Fig. 3.   Fig. 4.

coordonnées rectangulaires, la position du point sus-nasal B, qui complète le triangle facial ABC.

Le procédé est décrit dans les *Instructions générales,* p. 78 à 89. — Prix : les deux, 10 fr.

8. Le goniomètre facial (Broca). Voy. *Instructions générales,* p. 28. Fig 5.

Cet instrument est destiné à mesurer l'angle facial, sur le vivant comme sur le squelette, et à construire le triangle facial de Cuvier. A l'exception du cadran, qui est en cuivre, toutes les pièces sont en bois. La base du goniomètre se compose de deux tiges AO, AC, fixées à angle droit. Une troisième tige II, parallèle à AO, se meut en coulisse sur la pièce transversale AC. Les deux branches parallèles AO et II sont graduées, et sur elles se meuvent les deux tourillons auriculaires O, que l'on introduit dans les conduits auditifs. En A s'articule à charnière une branche montante AB, sur laquelle monte et descend, parallèlement à elle-même, la tige exploratrice BF. Celle-ci étant appliquée sur le point sus-nasal F, pendant que le milieu de la branche A I est appliqué sur le point sous-nasal D, la branche montante marque sur le cadran l'ouverture de l'angle facial O A B. **En**

Fig. 5.

outre, les longueurs O A et O B, lues sur les tiges correspondantes qui sont graduées, permettent de construire sur le papier le triangle facial de Cuvier O B A. — Prix : 30 fr. dans sa boîte.

Les pièces se repliant sur elles-mêmes, de manière à tenir dans une boîte de petite dimension, — Prix : 32 fr.

9. Le cadre à maxima (Broca). Voy. *Bulletins de la Société d'anthropologie,* 1869, p. 102. Pour prendre les diamètres maxima de la tête ou du crâne. Fig. 6.

C'est un cadre en buis, rectangulaire, dans lequel se meut une traverse A, assujettie à rester toujours parallèle à la base B. — Prix : 20 fr.

10. Les lames de plomb (Marcé). Pour transporter sur le papier les diverses courbes du crâne.

La lame s'applique aisément sur les courbes qu'on veut dessiner et conserve sa courbure lorsqu'on la retire. Pour s'assurer toutefois qu'elle ne s'est pas quelque peu déformée, on mesure avec le compas d'épaisseur la distance de deux marques faites avec l'ongle sur les points extrêmes de la courbe. On suit alors, avec un crayon, le contour interne de l'un des bords de la lame.

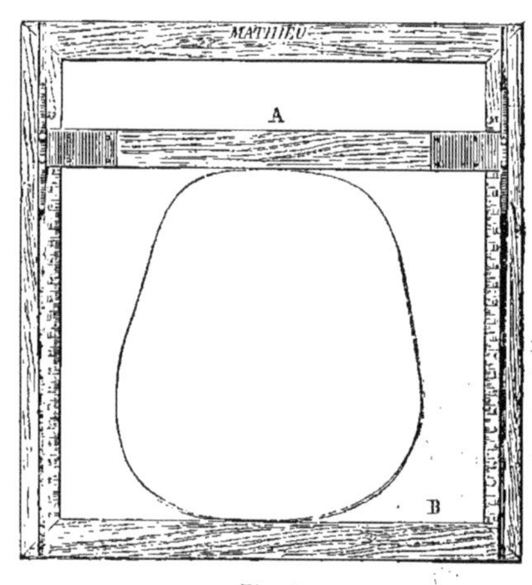

Fig. 6.

On redresse ensuite la lame, en la saisissant par un de ses bouts et en la faisant retomber deux ou trois fois de suite à plat sur le plancher.

Pour transporter les lames de plomb, on les place entre deux règles de bois, qu'on attache avec une ficelle en spirale.

Pour dessiner les courbes du crâne osseux par ce procédé, il faudrait employer dés lames plus minces; mais le plomb ainsi aminci se déforme trop aisément.

Les six lames de plomb et leurs deux règles, — Prix : 5 fr. 75.

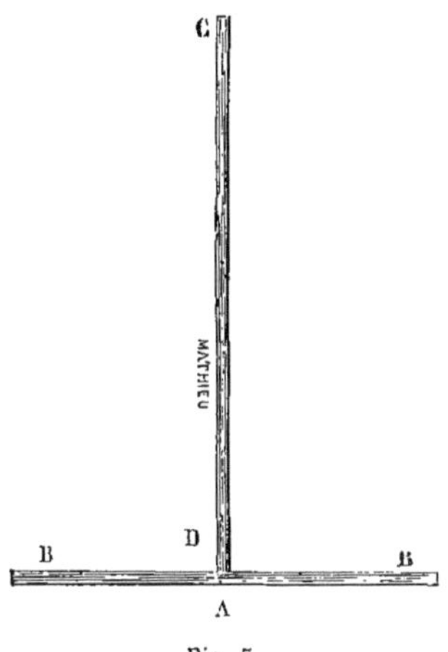

Fig. 7.

11. L'équerre flexible auriculaire (Broca). Fig. 7. Sert à déterminer sur le vivant le point bregmatique, et à passer le cordon biauriculaire vertical qui établit la séparation du crâne antérieur et du crâne postérieur. Les deux branches AC et BB, en ressort d'acier souple et flexible, sont fixées en A à angle droit, et sont rectilignes à l'état de repos. Un petit tourillon en buis, fixé en A, est introduit dans l'oreille, et la branche horizontale BB est amenée au-dessous de la sous-cloison du nez. La branche verticale AC est encore rectiligne; on la fléchit à son tour et on l'amène sur l'autre oreille en la faisant passer sur le dessus de la tête. Le point où elle coupe la ligne médiane donne le bregma anthropométrique, très-peu différent du bregma proprement dit du crâne. Voy. *Bulletins de la Société d'anthropologie,* février 1873. — Prix : 4 fr.

12. Le fil à plomb. Longueur, 2 mètres. — Prix : 3 fr.

13. Crayons dermographiques (Piorry). Pour marquer sur la peau les points de repère. Chaque crayon est rouge à une extrémité, bleu à l'autre. On se sert de l'une ou de l'autre couleur, suivant la couleur de la peau dans la race que l'on étudie. — Prix : 75 c.

14. Le profilomètre. (Laboratoire d'anthropologie.) Fig. 8.

Le célèbre mécanicien Sauvage, l'inventeur de l'hélice qui a transformé la marine à vapeur, inventa en 1834 un instrument composé d'une innombrable quantité de petits fils d'acier, parallèles et mobiles, et susceptibles d'être fixés de manière à recevoir et à conserver les empreintes. Cet instrument compliqué et très-coûteux, qu'il appela le *physionotype,* permettait de mouler la tête humaine. Il servit à mouler la tête du roi Louis-Philippe. Il n'en a été construit, à notre connaissance, qu'un seul spécimen, qui appartient aujourd'hui au Laboratoire d'anthropologie.

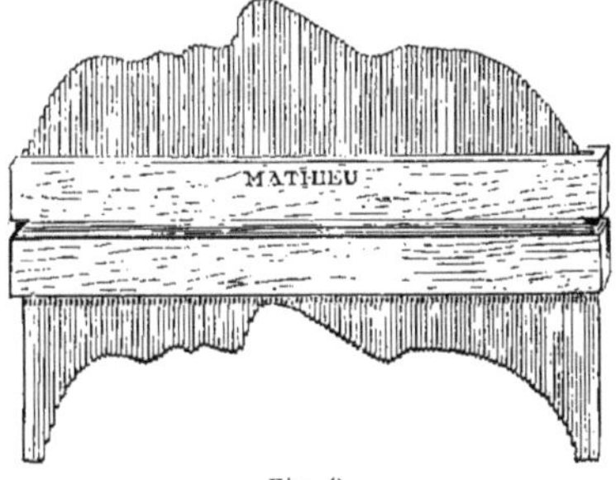

Fig. 8.

Le *profilomètre* de Sauvage, qui a figuré dans plusieurs Expositions, est beaucoup plus simple, mais construit d'ailleurs sur le même principe. Il sert à prendre la ligne de profil du visage depuis le haut du front jusqu'au-dessous du menton. Nous l'avons rendu plus léger en substituant aux fils d'acier des fils d'aluminium qu'on fixe à l'aide d'une ceinture de caoutchouc vulcanisé. — Prix, avec fils en aluminium : 70 fr.

MM. Huschke (1854) et Harting (1861) ont fait construire, sous le nom de *physionotype,* évidemment emprunté à Sauvage, mais détourné de son acception, un instrument tout à fait semblable au profilomètre de Sauvage, à cela près qu'ils ont substitué aux fils de fer de petites baguettes de bois.

15. Le dynamomètre de poche de Mathieu. Fig. 9.

Cet instrument a une double graduation. La graduation intérieure donne en kilogrammes la pression centripète exercée dans le sens du petit axe de l'ellipse, et sert à mesurer la force de pression de la main.

La graduation extérieure donne en kilogrammes la traction centrifuge exercée suivant le grand axe A B, et sert à mesurer la force de traction de l'individu. Elle sert en outre à prendre le poids de l'individu, à un kilogramme près. On attache au plafond une corde,

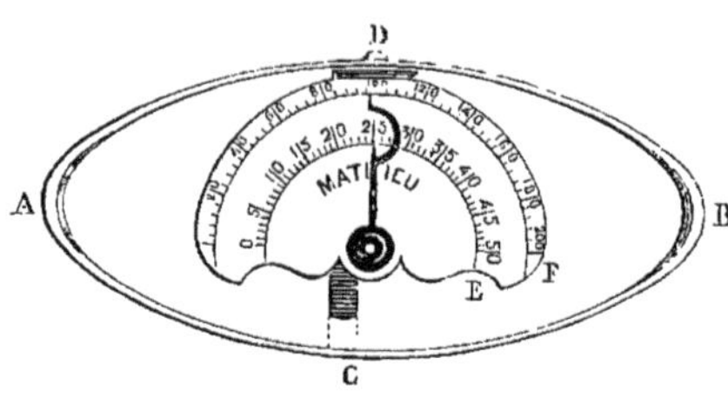

Fig. 9.

que l'on fixe sur l'un des sommets de l'ellipse. A l'autre sommet, on attache une autre corde terminée par une anse en étrier. Le sujet pose un pied dans cet étrier et se soutient, en outre, en saisissant la corde au-dessous du dynamomètre. Il peut lire lui-même son poids sur le cadran. — Prix : 30 fr.

16. Le pneumomètre.

C'est un grand soufflet dans lequel le sujet chasse tout l'air de l'expiration. La lame inférieure du soufflet est fixe ; la lame supérieure en se relevant pousse

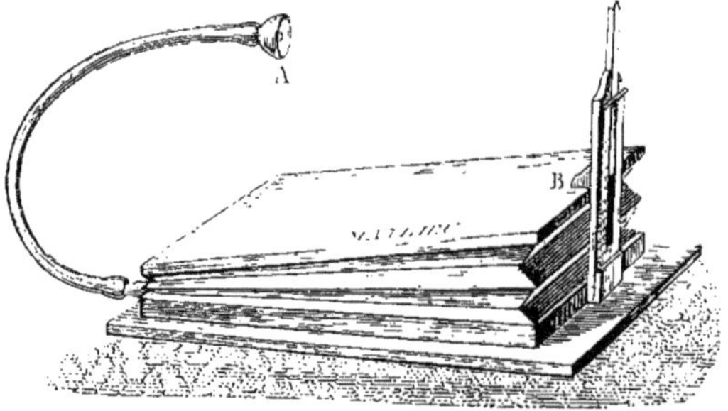

Fig. 10.

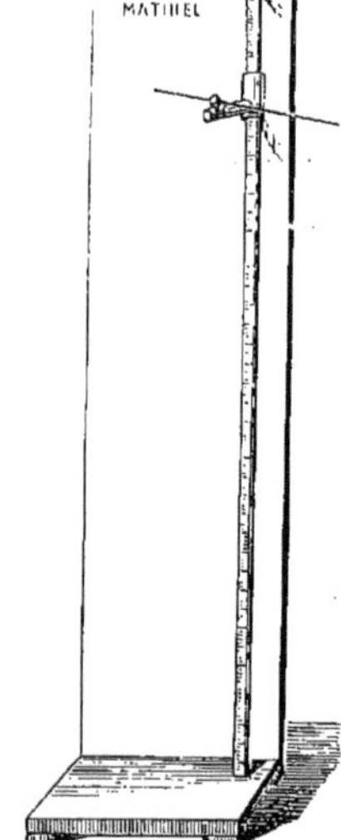

Fig. 11.

un curseur B, qui marque sur l'échelle, en litres et quarts de litre, le volume de l'air expiré. Fig. 10. — Prix : 50 fr.

17. Le sphygmographe (Marey). Donne le tracé du pouls.
— Prix : 130 fr.

18. L'anthropomètre. (Laboratoire d'anthropologie.) Instrument de laboratoire. Fig. 11.

Il est destiné à donner la hauteur de tous les points du corps, et peut donner également les mesures horizontales, suivant la méthode des coordonnées rectangulaires et le procédé de la double équerre. (Voir plus haut, nᵒˢ 5 à 7.) C'est une planche verticale de 2 mètres de haut, fixée sur un pied. Sur l'un de ses bords est fixé un gros tube de cuivre de même hauteur, gradué de bas en haut, et le long duquel glisse une tige de cuivre plate et horizontale, représentant l'équerre directrice. Sur cette tige plate glisse un curseur supportant une gaîne horizontale qui tourne sur un petit pivot, et que traverse la tige exploratrice. L'extrémité de cette dernière peut donc être annexée sur n'importe quel point du corps et en déterminer la hauteur. — Prix : 100 fr.

19. Trousse anthropométrique. Contenant les instruments les plus indispensables au voyageur, savoir : le compas d'épaisseur, le compas-glissière, le ruban métrique, le double mètre, le fil à plomb, le crayon dermographique. — Prix : 40 fr.

N. B. Le *compas d'épaisseur* et le *compas-glissière*, dont l'usage est continuel en anthropométrie, sont aussi des instruments craniométriques. *Voyez* plus loin, nᵒˢ 22 et 24.

Le *céphalomètre d'Antelme*, qui n'était dans l'origine qu'un instrument anthropométrique, est en outre aujourd'hui appliqué à la craniométrie. *Voyez* nᵒˢ 45 et 46.

B

CRANIOMÉTRIE

1° INSTRUMENTS GÉNÉRAUX

20. Mètre étalon en cuivre pour laboratoire.

Les rubans métriques étant sujets à s'allonger par l'usage, il est indispensable de les vérifier chaque fois qu'on veut s'en servir. C'est le but du *mètre étalon*, qu'on fixe sur l'un des murs du laboratoire. — Prix : 8 fr.

21. Vérificateur des compas d'épaisseur. (Laboratoire d'anthropologie.) Pièce de buis en forme de double escalier, épaisse de 5 centimètres et permettant de vérifier l'exactitude du compas à 20, 15, 10 et 5 centimètres. — Cette vérification doit précéder toute mensuration. — Prix : 8 fr.

Le même, en métal, — Prix : 35 fr.

22. Le compas d'épaisseur. Fig. 12.

Les dimensions de ce compas et les courbures de ses branches ont été choisies de manière à en réduire le volume, tout en lui permettant de mesurer tous les diamètres de la tête ou du crâne. La graduation est assez fine pour qu'on puisse lire sans erreur jusqu'aux millimètres. — Prix : 16 fr.

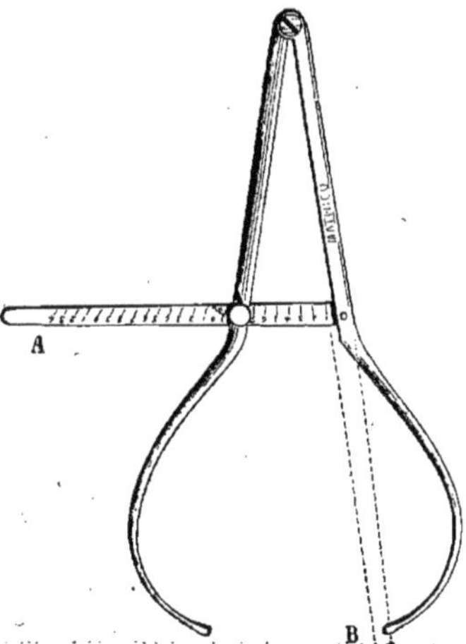

Fig. 12.

23. Le compas d'épaisseur micrométrique (Broca). Fig. 13.
(*Bulletins de la Société d'anthropologie,* 1866, p. 103.)

Deux pièces mobiles, qu'on adapte sur les branches du compas d'épaisseur ordinaire, et dont la longueur est égale au quart de la distance comprise entre l'articulation et l'échelle du compas, permettent de lire au verso de cette échelle, sur une graduation spéciale, les quarts de millimètre. — Prix : 25 fr.

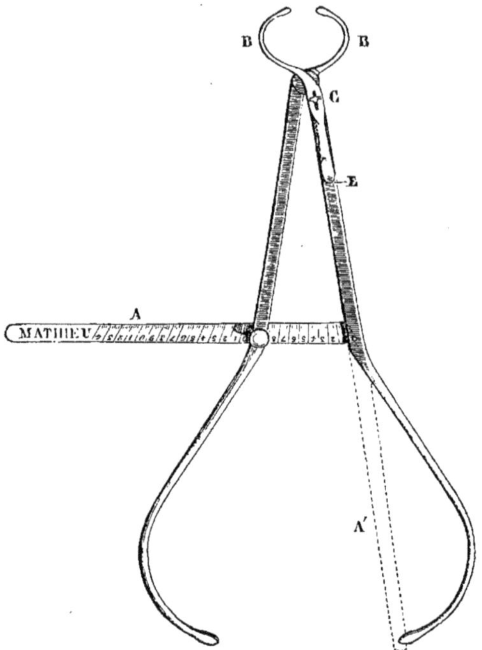

Fig. 13.

24. Le compas-glissière. Fig. 14.

Cet instrument, sur lequel on peut lire les demi-millimètres, est le seul qui permette de pratiquer avec précision la mensuration des diverses parties de la face et celle du trou occipital. Il est d'un maniement plus sûr et beaucoup plus rapide que le compas géométrique ordinaire. — Prix : 8 fr.

Le même compas, pourvu d'un vernier qui permet de mesurer les dixièmes de millimètre, — Prix : 10 fr.

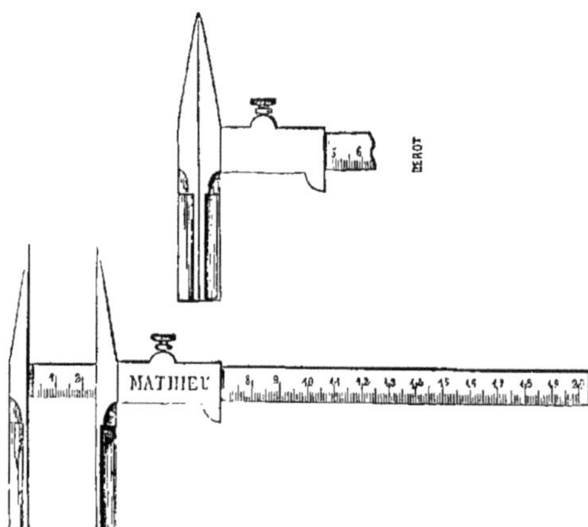

Fig. 14.

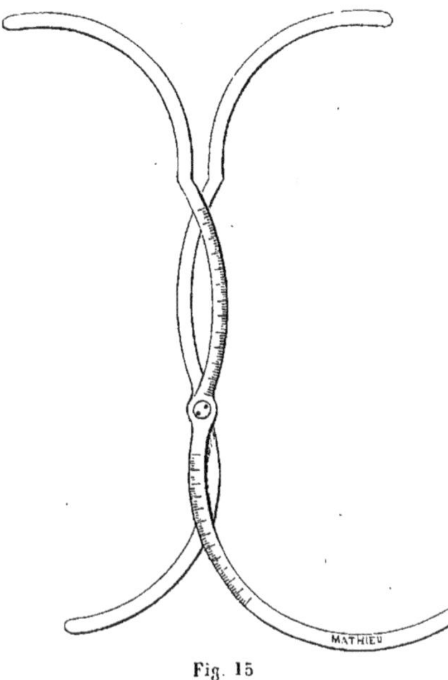

Fig. 15

25. L'endomètre (Henri Mathieu).
Bulletins de la Société d'anthropologie,
avril 1873. Fig. 15.

Cet instrument est destiné à mesurer les diamètres intra-crâniens à travers le trou occipital. C'est un compas d'épaisseur dont les deux branches sont divergentes au lieu d'être convergentes, comme celles du compas d'épaisseur ordinaire. Il se compose de deux branches irrégulières, courbées en S, articulées en X, et formant en réalité deux compas opposés par le sommet. Les courbures sont disposées de manière à permettre au compas d'atteindre les extrémités des divers diamètres intra-crâniens. Le compas inférieur sert pour le diamètre antéro-postérieur, l'autre pour les diamètres transverses. La longueur des diamètres est indiquée, pour chaque compas, par une graduation marquée sur l'une des branches de l'autre compas. La courbure de la partie moyenne des branches est assez faible pour que l'instrument puisse être introduit aisément à travers le trou occipital. — Prix : 22 fr.

26. Le pachymètre. (Broca.) *Bulletins de la Société d'anthropologie*, avril 1873.
Cet instrument sert à mesurer en un point quelconque l'épaisseur de la paroi du crâne. Fig. 16. C'est un rectangle ouvert, dont le quatrième côté n'est représenté que par la pointe fixe *a* et par le tube *b*, dans lequel se meut la tringle mobile. Celle-ci, terminée

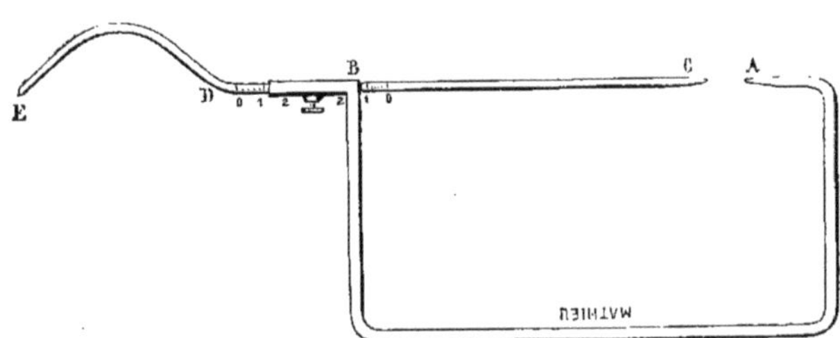

Fig. 16.

en pointe mousse à ses deux extrémités, est rectiligne dans les deux tiers de sa longueur et courbe dans le troisième tiers. Pour prendre l'épaisseur du crâne vers la voûte, on introduit la fiche C D dans le trou occipital; pour prendre cette épaisseur vers la partie inférieure du front, on retourne la fiche, afin d'introduire dans le crâne la partie recourbée D E, qui doit être opposée à la pointe A. Une double graduation, placée sur la base de sa partie rectiligne, correspond à ces deux positions de la fiche. Pour les parties du crâne peu éloignées du trou occipital, on introduit la pointe A dans le crâne, et la fiche vient s'appliquer sur le point correspondant de la surface extérieure.

Cet instrument permet, en outre, de marquer sur la surface extérieure le point qui correspond à un point déterminé de la surface intérieure. — Prix : 17 fr.

27. Le compas de Grandidier.

C'est une glissière transformée en compas d'épaisseur, par la courbure des deux branches qui, réunies, forment un cercle. — Prix : 18 fr.

28. Le cadre à maxima. *Voy.* plus haut, n° 9, fig. 6.

29. L'équerre graduée. *Voy.* plus haut, n° 4.

2° INSTRUMENTS POUR DÉTERMINER LA POSITION DU CRANE

30. Le craniostat du crâne humain. (*Bulletins de la Société d'anthropologie*, séance du 2 janvier 1873.) Fig. 17.

Les condyles de l'occipital reposant sur la face supérieure d'un petit support cubique, une tige de fer horizontale et pointue vient s'appliquer sur le point alvéolaire, de manière à

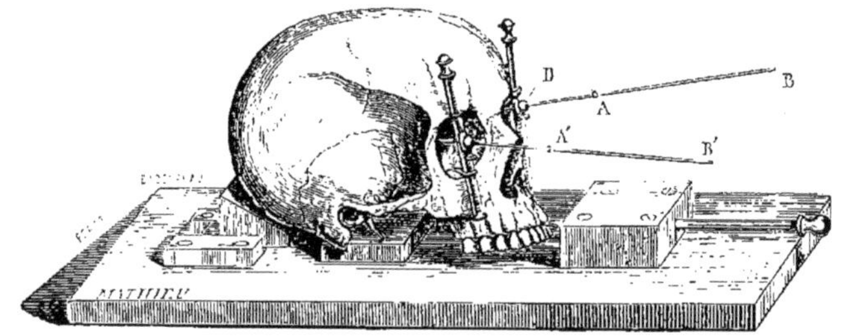

Fig. 17.

rendre horizontal le plan alvéolo-condylien de Broca. Si le crâne bascule en arrière, un coin de bois, glissant dans une coulisse, vient s'appliquer sous les bosses cérébelleuses et empêche ce mouvement de bascule.

Sur la figure 17 on a représenté, en outre, les aiguilles orbitaires A B, A'B', fixées à l'aide des orbitostats. — Prix : 12 fr.

31. Le craniostat pour l'anatomie comparée. (Laboratoire d'anthropologie.)

Des supports plus hauts et plus espacés permettent de donner aux crânes des grands animaux l'attitude qui rend horizontal le plan alvéolo-condylien. Un support moins élevé, placé entre les deux autres, permet de donner l'attitude, d'un côté, au crâne de l'homme et aux crânes d'animaux de moyenne taille, d'un autre côté, aux crânes des petits animaux. — Prix : 17 fr. 50.

32. L'orbitostat à crémaillère (Broca). (*Bulletins de la Société d'anthropologie,* 2 janvier 1873.) Fig. 18.

Ce petit instrument est destiné à fixer l'aiguille orbitaire dans l'axe de l'orbite. Il s'ap-

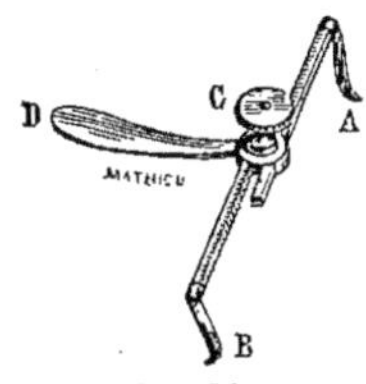

Fig. 18.

plique immédiatement au-devant de l'ouverture orbitaire. Le bouton central C, percé d'un trou pour le passage de l'aiguille, qui, d'autre part, traverse le trou optique, porte une roue dentée qui fait mouvoir en sens inverse, par une double crémaillère, deux tiges égales et parallèles qui supportent les deux appuis A et B. Lorsque ces deux appuis rencontrent le milieu des deux bords opposés de l'orbite, l'aiguille orbitaire est exactement placée dans l'axe de l'orbite. — Prix : 13 fr.

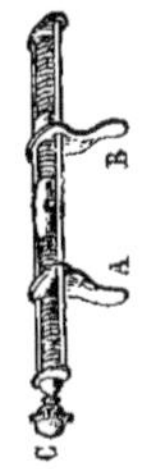

33. L'orbitostat à vis (modèle Mathieu). Fig. 19.
Dans cet instrument, la crémaillère est remplacée par une vis C, située à l'extrémité de l'une des tiges. — Prix : 8 fr. 50.

Fig. 19.

34. Les aiguilles orbitaires. (*Bulletins de la Société d'anthropologie*, janvier 1873.) *Voy.* fig. 17.
Ces aiguilles, introduites dans le trou optique et traversant le trou central de l'orbitostat, donnent la direction de l'axe orbitaire. Le curseur D est fixé au contact de l'orbitostat, et sert à constater l'égalité des parties extérieures des deux aiguilles placées respectivement dans chaque orbite. Le bouton fixe A est placé à 100 millimètres de l'extrémité antérieure B. L'équerre graduée ordinaire permet de constater la hauteur relative des deux points A et B au-dessus du plan du craniostat, et de déterminer immédiatement, par le procédé trigonométrique, le degré d'inclinaison des axes orbitaires, qui sont horizontaux chez l'homme, et plus ou moins obliques chez tous les animaux. — Prix : 1 fr. 25.

35. La règle bimillimétrique. (*Loc. cit.*, janvier 1873.) Fig. 20.
Règle en ivoire, longue de 50 centimètres, graduée seulement dans une étendue de 20 cen-

Fig. 20.

timètres, à partir de l'une de ses extrémités; le zéro est du côté du milieu de la règle. L'unité de la graduation est de 2 millimètres, de sorte que le chiffre 5 correspond à 10 millimètres, le chiffre 12 à 24 millimètres, etc.

Cette règle sert à déterminer immédiatement, par le procédé trigonométrique, l'*angle bi-orbitaire*, qui mesure l'écartement des deux aiguilles orbitaires de l'homme ou d'un vertébré quelconque. — Prix : 5 fr.

36. Le craniophore de Broca. (*Mémoires de la Société d'anthropologie*, t. I, p. 356.) Fig. 21.
Le support de cet instrument est introduit dans le trou occipital, jusqu'à la voûte du crâne, et fixé à l'aide d'une tige de fer *e*, qu'on met en mouvement à l'aide d'une vis *f*, et qui s'écarte du support jusqu'à ce qu'elle soit arrêtée par le bord postérieur du trou occipital. On a donné préalablement au crâne l'attitude horizontale à l'aide de la *libelle*. — Prix : 20 fr.

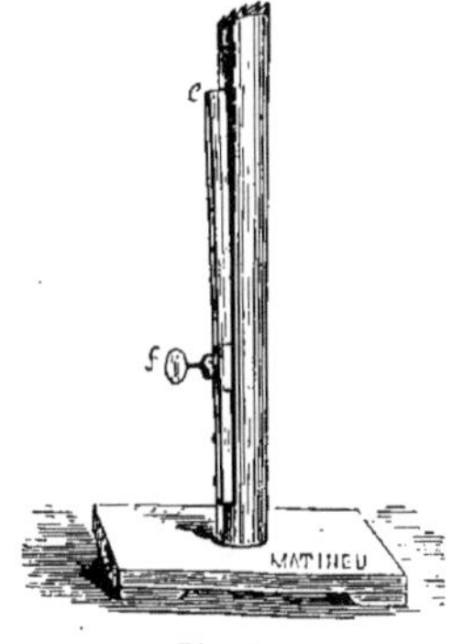

Fig. 21.

37. La libelle (Broca). (*Mémoires de la Société d'anthropologie*, t. III, p. 113.) Fig. 22.
Instrument en bois, en forme d'équerre, destiné à orienter le crâne sur le craniophore.

Une gouttière *b*, creusée dans la branche verticale de l'équerre, s'applique sur le bord antérieur du support du craniophore ; on fait reposer les condyles occipitaux sur la branche horizontale, en *c* et *c*, et une rallonge *c*, qui glisse dans cette branche horizontale, est poussée jusqu'au contact du point alvéolaire ; on serre alors la vis du craniophore, et le crâne est en position. — Prix : 6 fr. 50 c.

Fig. 22.

38. **Le craniophore de Topinard.** (*Revue d'anthropologie*, t. I, p. 464-474.) Fig. 23.

C'est un support rectangulaire en bois A, sur la face supérieure duquel s'applique la planchette B, munie de sa rallonge C. Les condyles de l'occipital reposent sur la partie postérieure de la planchette, et le point alvéolaire vient appuyer sur une petite pointe de fer qui termine la rallonge.

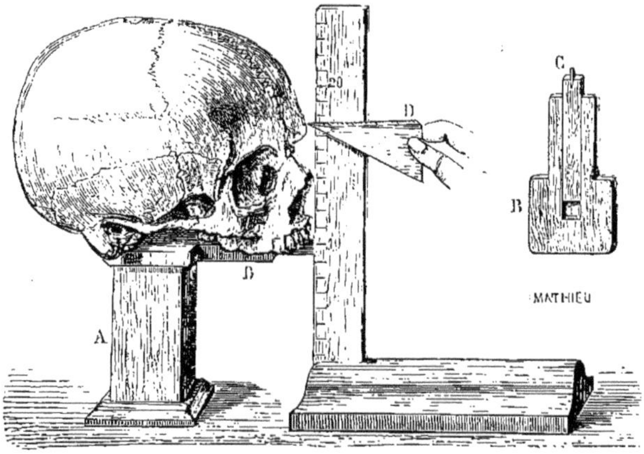

Fig. 23.

Une équerre fixée sur un pied massif et graduée sur sa branche verticale est placée alors au-devant du crâne, et on détermine, à l'aide de la petite équerre D, par la méthode des coordonnées rectangulaires, la position relative des divers points du crâne. — Prix : 12 fr.

39. **La planche à projections.** (*Bulletins de la Société d'anthropologie*, 1862, p. 517.) Une petite baguette verticale en fer, placée perpendiculairement sur le milieu de la planche, comme un clou sans tête, pénètre dans le trou occipital et s'applique sur le bord antérieur de ce trou. Deux échelles millimétriques, dont les zéros se confondent en un seul sur le bord antérieur de la baguette, permettent de mesurer, à l'aide d'une petite équerre, la projection antérieure et la projection postérieure du crâne. — Prix : 12 fr.

3° INSTRUMENTS POUR DESSINER LE CRANE

40. **Le craniographe** (Broca). (*Mémoires de la Société d'anthropologie*, t. I, p. 349-378.) Fig. 24.

Cet instrument sert à dessiner, en projection géométrique (dessins dits géométraux), les divers contours du crâne, et plus spécialement le contour du profil. Pendant que la tige traçante suit le contour, le crayon placé à l'autre bout le dessine sur l'écran.

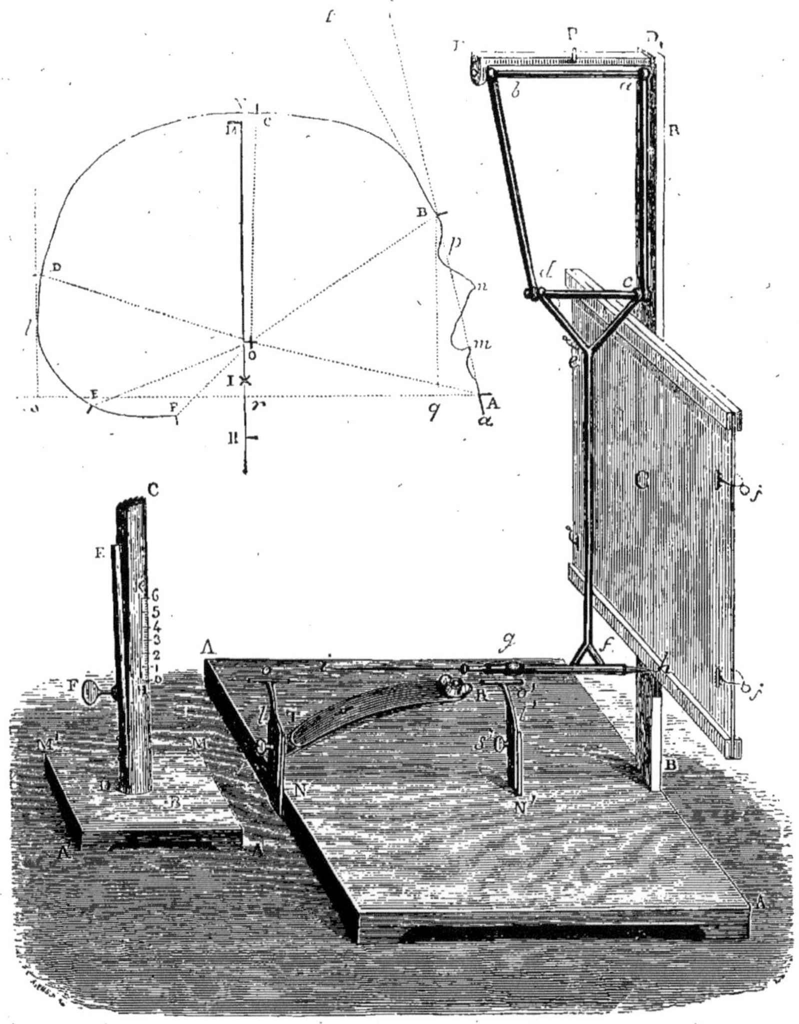

Fig. 24.

L'appareil se compose de deux instruments distincts : le craniophore et le craniographe proprement dit.

1° Le craniophore ne diffère du craniophore ordinaire, représenté sur la figure 21 (n° 36), que par l'addition d'une petite échelle millimétrique HK, placée sur le bord antérieur du support. Le zéro est en bas, et assez éloigné de l'extrémité C pour être toujours apparent à l'extérieur, quelle que soit la hauteur du crâne. Lorsque le dessin est terminé, cette échelle permet d'y reporter le point basilaire (ou bord antérieur du trou occipital), dont la hauteur au-dessus de zéro a été préalablement constatée. Le crâne est orienté sur le craniophore à l'aide de la libelle (n° 37), et le craniophore est alors placé sur la table du craniographe, entre les deux tiges NN'. Il y est fixé, dans la position voulue, à l'aide des deux tiges auriculaires OO', qui pénètrent dans les deux conduits auditifs, et on le consolide dans cette position à l'aide d'un large ressort d'acier T R, qui s'applique sur sa base.

2° Le craniographe proprement dit se compose d'une table A A et d'un montant B B, qui supporte, d'une part, l'écran C, et d'une autre part, la potence DD, sous laquelle s'insère l'armature. Celle-ci est formée de tiges de fer articulées, disposées de telle sorte que la tige gh se meut parallèlement à elle-même, en restant toujours perpendiculaire au plan de l'écran. Cette tige gh porte d'un côté le crayon hi qui affleure l'écran, de l'autre côté l'aiguille exploratrice gi, que l'on promène sur les contours du crâne. On obtient ainsi d'un seul trait et en un clin d'œil la courbe du profil du crâne, sur laquelle la tige auriculaire o' marque aussitôt la situation du centre du conduit auditif o. La situation du craniophore a d'ailleurs été déterminée de manière à permettre de retrouver le niveau du bord antérieur du trou occipital ou point basilaire I et l'axe vertical du crâne IV. La tige exploratrice a en outre marqué en passant tous les points singuliers de la voûte du crâne B C D E. On peut donc obtenir sur le profil craniographique tous les angles et rayons auriculaires, la ligne faciale, l'angle et le triangle facial, les projections antérieure et postérieure du crâne, et une foule d'autres éléments craniométriques. — Prix : 150 fr.

41. Le stéréographe (Broca). (*Mémoires de la Société d'anthropologie*, t. III, p. 99-124.) Fig. 25 et 26.

Cet instrument permet de dessiner, en projection géométrique, tous les détails de la surface des corps. Ses dimensions ont été combinées pour les dessins du crâne.

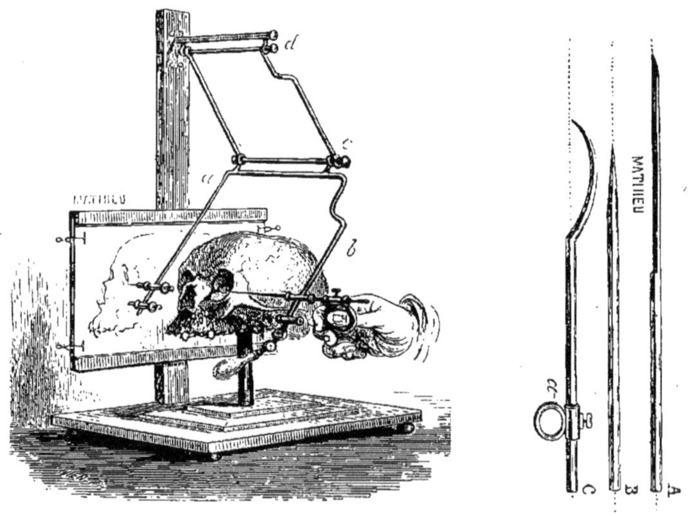

Fig. 25.   Fig. 26.

Le craniographe (n° 40), fig. 24, ne dessine que la courbe la plus excentrique des corps solides, puisque c'est la même tige qui supporte d'un côté l'aiguille exploratrice i, et d'un autre côté le crayon *h*. Le stéréographe ne diffère de cet instrument que par la disposition de l'avant-bras ou pièce inférieure de l'armature métallique articulée. L'avant-bras du craniographe est formé d'une seule branche *ef* (fig. 24); celui du stéréographe se compose de deux branches parallèles *a* et *b* (fig. 25), entre lesquelles on place le crâne. L'une, *a*, supporte le crayon qui affleure l'écran; l'autre, *b*, placée sur l'autre côté du crâne, supporte la tringle exploratrice. Les deux tubes qui supportent respectivement le crayon et la tringle sont en face l'un de l'autre et sur un même axe, perpendiculaire au plan de l'écran.

L'écran est rectangulaire; on le place dans la position indiquée sur la figure pour dessiner le profil du crâne; un mécanisme fort simple, placé sur la face externe du montant, permet de retourner l'écran et de rendre son grand côté vertical pour dessiner la face supérieure et la face inférieure du crâne.

Les tringles sont au nombre de trois (fig. 26). Ce sont : la *tringle en couteau* A, pour suivre les contours extrêmes; la *tringle conique* B, pour dessiner le reste de la surface apparente; et enfin la *tringle courbe* C, pour dessiner les parties rentrantes qui sont masquées par le relief des parties environnantes. Un coulant *a*, supportant un anneau où l'on introduit le pouce, sert à manier successivement les trois tringles.

On saisit l'instrument de la main gauche par la poignée articulée qui termine la branche *b*, pendant que le pouce de la main droite, introduit dans l'anneau de la tringle, fait avancer ou reculer celle-ci, de manière à promener le tranchant du couteau A, ou les pointes des tringles B et C, sur tous les contours, lignes ou sutures de la surface du crâne. Ce dessin est *géométral* et non *perspectif*, c'est-à-dire qu'il donne l'exacte projection de toutes les parties du crâne. Lorsque le dessin est terminé, on peut y ajouter aisément, dans leurs rapports géométriques, le dessin des parties qui, n'étant pas apparentes, ne peuvent être obtenues ni par la photographie, ni par le diagraphe, ni par les dessins ordinaires; pour cela, on substitue aux tringles droites la tringle courbe C, et pour que ce nouveau dessin reste distinct du premier, on se sert d'un crayon d'une autre couleur. Afin d'éviter la complication qui résulterait du changement de crayon, on a placé sur l'avant-bras du stéréographe deux paires de tubes, l'une pour les tringles droites et le crayon noir, l'autre pour la tringle courbe et le crayon de couleur.

Pour dessiner la vue de profil, la face antérieure et la face postérieure, on place le crâne sur le craniophore ordinaire (n° 36), dont le pied carré peut s'adapter, dans trois positions différentes, dans une mortaise carrée de la table du stéréographe.

Pour dessiner la face supérieure et la face inférieure dans une attitude correcte, on doit remplacer le craniophore par le *suspenseur* (n° 42). — Prix : 160 fr.

42. Le suspenseur et le fil à plomb condylien (Broca). (*Loc. cit.*). Fig. 27.

Le crâne, suspendu par les deux fiches auriculaires *c, c*, est arrêté dans la position qu'on veut lui donner à l'aide d'une mince lame de fer *d*, glissant dans une coulisse; on lui donne la position verticale à l'aide du *fil à plomb condylien*, qui, du niveau des condyles, descend sur le point alvéolaire. Le crâne, ainsi disposé, peut être présenté au stéréographe par sa face supérieure ou par sa face inférieure. Le fil à plomb condylien et son petit manche sont logés dans un petit tiroir creusé dans l'épaisseur du pied du suspenseur *a*. — Prix : 18 fr.

43. Le même, rendu plus léger par la substitution de montants métalliques aux gros montants en bois *bb*. — Prix : 40 fr.

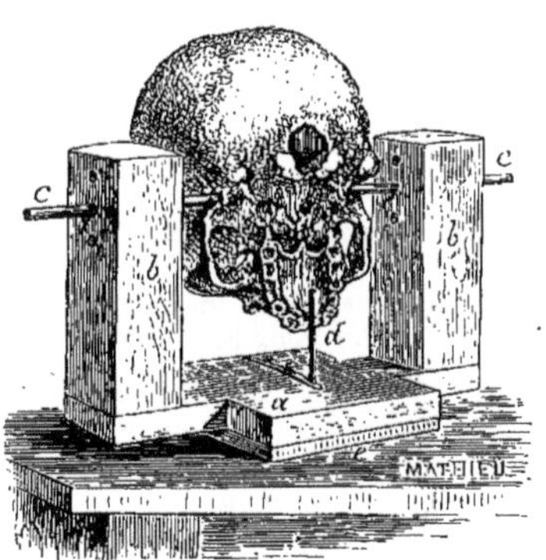

Fig. 27.

44. L'endographe de Broca. (Laboratoire d'anthropologie.) *L'endographe* est destiné à dessiner les courbes intra-crâniennes sans ouvrir le crâne. Fig. 28, 29, 30 et 31.

Le procédé consiste à introduire dans le crâne, à travers le trou occipital, une tringle dont le bec recourbé parcourt d'un trait continu les divers points d'une courbe intra-crânienne, pendant que son extrémité externe, ou talon, dessine en sens inverse, sur une planchette extérieure, une *courbe* auxiliaire dite *négative*. La tringle est alors retirée du crâne, et on la fait mouvoir sur la planchette de telle sorte que le talon parcoure de nouveau la courbe négative; dans ce mouvement, le bec de la tringle dessine sur une seconde planchette une *courbe positive*, semblable et égale à la courbe intra-crânienne; en d'autres termes, le bec reproduit exactement sur la seconde planchette le mouvement qu'il a décrit dans l'intérieur du crâne.

Il faut pour cela que la partie moyenne de la tringle soit assujettie à passer toujours, soit en tournant, soit en glissant, par un même point, situé sur la première planchette, vers le niveau du trou occipital; il faut, en outre, que la planchette reste invariablement fixée dans le plan de la courbe à dessiner, et il faut enfin que le plan de cette courbe passe par le trou occipital.

Nous supposerons qu'on veuille dessiner la courbe médiane de la cavité crânienne.

L'appareil se compose de quatre pièces distinctes :

1° *Le fixateur*, ou *pièce basilaire*. Fig. 28. C'est une pièce en bois de chêne A, rectangulaire, très-épaisse, et présentant sur l'une de ses faces deux petites excavations pour recevoir les condyles. Sur la face opposée s'insère perpendiculairement une forte tige plate C, qui

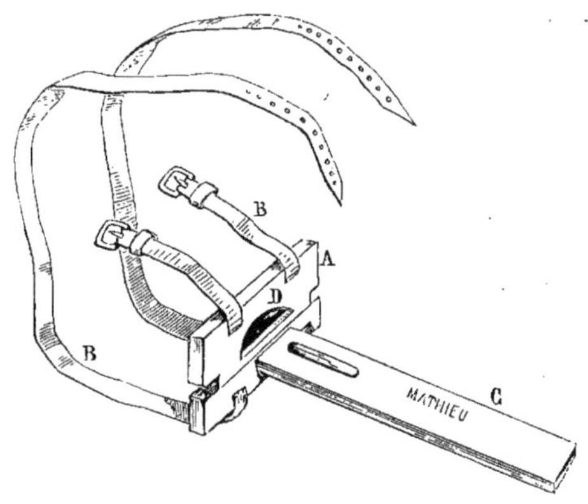

Fig. 28.

sert à fixer la planchette dans un plan perpendiculaire à celui de la pièce basilaire. Une étroite fenêtre D, d'une longueur supérieure à celle du trou occipital, traverse la pièce basilaire sur sa ligne médiane pour donner passage à la tringle. Quatre courroies BB, insérées sur les deux bords de cette pièce, servent à la fixer sur la base du crâne; en se croisant au-dessus du vertex.

2° *La planchette négative*. Fig. 29. C'est une grande planchette en bois mince et léger, découpée sur l'un de ses bords, de manière à pouvoir s'enclaver sur la pièce basilaire sans rencontrer les saillies osseuses du crâne et de la face. Une fois enclavée sur la pièce basilaire, elle s'appuie sur la tige plate C (fig. 28), et se trouve ainsi bien fixée dans le plan médian du crâne. Elle est garnie, près du trou occipital, d'une armature en fer E, sur laquelle s'insère un anneau tournant, ou *piton*, d'un calibre égal à celui de la tringle

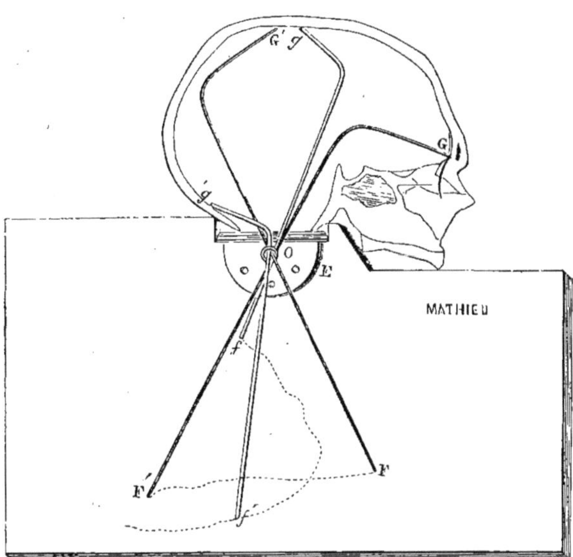

Fig. 29.

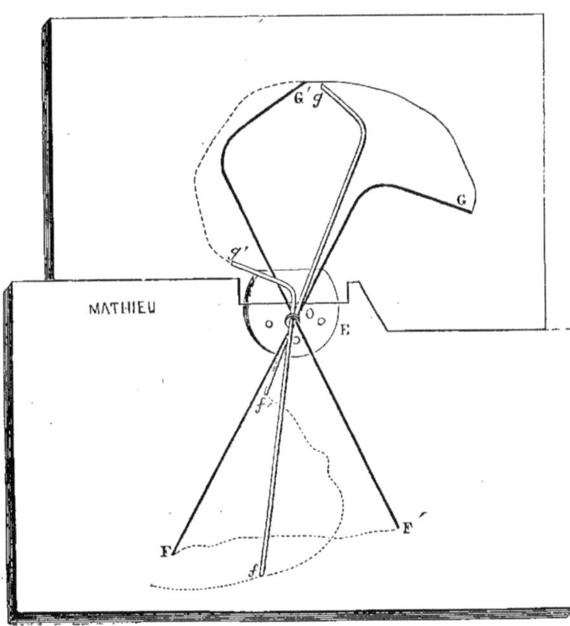

Fig. 30.

recourbée F G, qui le traverse. Cette tringle, pouvant à la fois glisser dans le piton et le faire tourner avec elle, peut parcourir d'avant en arrière la plus grande partie de la courbe médiane du crâne, et pendant que son extrémité interne G parcourt cette courbe, l'extrémité externe F trace sur la planchette une première courbe *négative* F F'. Pour dessiner le négatif de la partie postérieure de la courbe, on retire la première tringle, et on la remplace par la tringle *f g*, qui, parcourant la face interne du crâne jusqu'au bord postérieur du trou occipital, donne la seconde courbe négative *f f'*.

3° *La planchette positive*. Fig. 30. La planchette positive présente sur un de ses bords une découpure qui s'adapte exactement sur le bord découpé de la planchette négative. La figure 30 montre les deux planchettes ainsi adaptées. La tringle est de nouveau introduite à travers le piton. Un crayon est adapté sur son extrémité G. On remet en place la première tringle F G, et pendant que son extrémité F suit la première courbe négative, l'extrémité G dessine sur la planchette positive toute la partie antérieure de la courbe intra - crânienne. On remplace alors la première tringle par la seconde *fg*, et en suivant la seconde courbe négative on achève le dessin de la courbe intra-crânienne.

4° *La tringle et ses armatures*. Fig. 31 (grandeur naturelle). F, extrémité extérieure de la tringle, garnie d'une petite armature qui supporte à angle droit une petite pointe de crayon. G, extrémité interne de la tringle, munie d'un petit ressort qui sert à fixer les deux armatures. H, première armature, supportant une petite roue à molette qui permet à la tringle de parcourir sans soubresauts la face interne des os du crâne. I, seconde armature, supportant un petit crayon perpendiculaire qu'on substitue à la molette pour dessiner la courbe positive.

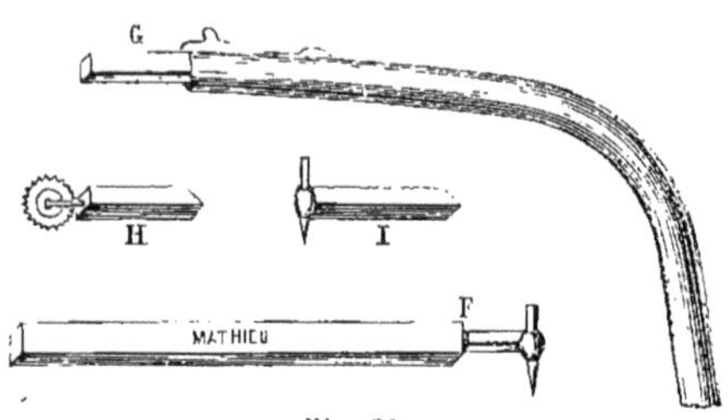
Fig. 31.

Pour dessiner les diverses courbes, on a des tringles de longueurs et de courbures variables. Les armatures mobiles peuvent s'adapter sur les extrémités de chacune d'elles.

On peut aussi, pour certaines courbes, transporter le piton O (fig. 29) sur d'autres trous creusés dans l'armature métallique E de la planchette négative. — Prix : 50 fr.

45. Le céphalomètre d'Antelme. (*Mémoires de la Société d'anthropologie*, t. I, p. 337-348.) Fig. 32 et 33.

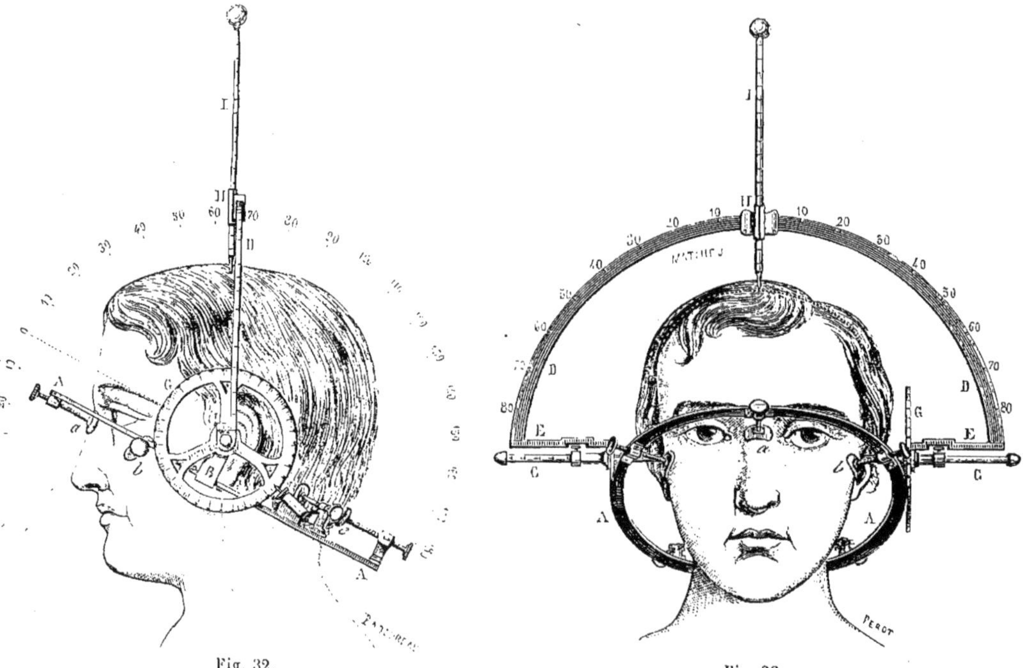
Fig. 32.   Fig. 33.

C'est le premier en date (1838) des instruments de précision de l'anthropologie. Il rapporte tous les points de la surface de la tête à un centre idéal situé sur le milieu du diamètre bi-auriculaire. La position de chaque point est déterminée par un angle et un rayon, suivant la méthode des coordonnées polaires. On peut ainsi reporter sur le papier autant de points qu'il en faut pour construire chaque courbe crânienne.

La figure 33 représente le céphalomètre de face, la figure 32 le montre de profil. AA, le *cercle fixe*. On le fixe obliquement autour de la tête à l'aide de cinq vis, terminées par des pelotes concaves qui viennent appuyer sur la racine du nez *a*, sur les deux pommettes *b*, et sur les deux côtés de l'occiput *c*, au-dessus de la naissance du cou. Il supporte de chaque côté la pièce auriculaire B, traversée à droite et à gauche par les *broches auriculaires* C C, lesquelles pénètrent dans les deux trous auditifs. Les pièces auriculaires donnent, en outre, insertion au *cercle mobile* DD; celui-ci se meut en avant et en arrière, en courant autour de son diamètre EE, qui se confond avec l'axe bi-auriculaire de la tête; sur les deux figures, il est placé dans la situation verticale et fait avec le plan du cercle fixe un angle de 67°. L'inclinaison du cercle mobile est mesurée sur le cadran gradué G qui est fixé au niveau de l'axe bi-auriculaire. Le cercle mobile supporte un *curseur* H, que traverse la broche graduée I. Les chiffres de la graduation de la broche indiquent la distance de sa pointe au centre du cercle mobile, qui est le milieu de l'axe bi-auriculaire de la tête. Lorsque le curseur est placé sur le milieu du cercle mobile, la broche graduée peut être amenée successivement sur tous les points de la courbe médiane de la tête, et donner la position de chacun de ces points, au moyen d'un angle et d'un rayon, suivant la méthode des coordonnées polaires. On peut obtenir encore, point par point, toutes les courbes qui passent par les deux oreilles. Pour cela, on fixe le cercle mobile dans le plan de la courbe que l'on étudie et l'on fait mouvoir le curseur de degré en degré, ou de dix en dix degrés, sur la graduation de ce cercle. — Prix : 180 fr.

46. Le céphalomètre d'Antelme modifié par Bertillon.

Sur les indications de M. le Dr Bertillon, nous avons introduit plusieurs modifications dans le céphalomètre d'Antelme, pour le rendre applicable à l'étude du crâne sec. Cet instrument est devenu entre ses mains un précieux instrument craniométrique et craniographique. (Voy. *Revue d'anthropologie*, 1872, p. 284, et pl. II et III.) — Prix : 180 fr.

47. La roulette millimétrique. (Laboratoire d'anthropologie.) Fig. 34.

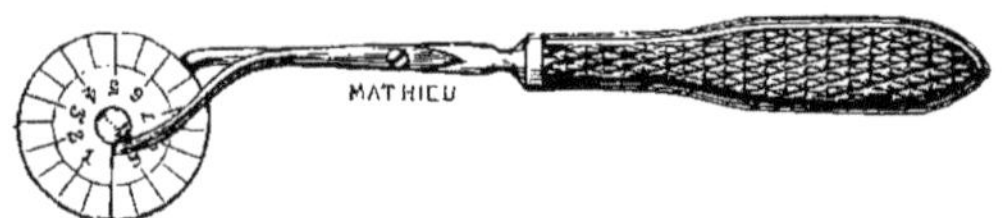

Fig. 34.

Cet instrument, analogue à la roue de la brouette, est employé depuis longtemps par les sculpteurs pour mesurer les courbes *concaves* de la surface des corps. Huschke s'en servait pour mesurer sur le crâne des courbes *convexes* qu'on mesure beaucoup plus aisément avec le ruban gradué. Mais la roulette permet, et permet *seule*, de mesurer rigoureusement la longueur des courbes sur les albums craniographiques. C'est à cet usage qu'elle sert dans le laboratoire d'anthropologie. Pour que la roue puisse suivre sur le papier des contours curvilignes, ce qui l'oblige à changer continuellement de plan, on lui a donné une articulation latérale assez lâche, ce qui a permis d'adapter sur l'autre face de la roue un petit cliquet qui enregistre le nombre des tours. Il a fallu pour cela remplacer l'ivoire par le métal. La roue principale a 10 centimètres de circonférence. Une seconde roue, de 5 centimètres de circonférence, peut être substituée à la roue ordinaire, lorsqu'on veut mesurer des courbes d'un très-petit rayon. — Prix : 11 fr.

48. La glace à calquer. (Laboratoire d'anthropologie.)

Cette glace, légèrement dépolie à l'émeri sur une de ses faces, est assez transparente pour laisser apercevoir tous les détails des dessins sur lesquels on l'applique, et assez dépolie pour conserver la trace du crayon qui calque ces dessins. Elle sert à prendre, sur les dessins craniographiques ou stéréographiques, les contours ou les points dont on a besoin pour tracer les lignes qui limitent les angles, triangles ou polygones craniométriques. Ces opérations géométriques se font très-aisément sur la glace, sans qu'on ait besoin de gâter les dessins ou de les surcharger de nombreuses lignes. En se servant d'un crayon gras ou d'une encre autographique, on peut reporter sur la pierre lithographique les dessins calqués.

La glace, enfermée dans un châssis en bois. — Prix : 12 fr.

49. Le diopter de Wirzig.

Cet instrument a été heureusement appliqué par M. Lucæ à la craniographie. Il permet de dessiner exactement et sans perspective tous les objets placés sous la glace. — Prix · 120 fr.

50. La chambre claire de Wollaston. — Prix : 45 fr.

51. Le diagraphe de Gavard. — Prix : 200 fr.

52. Le dessinateur horizontal de Broca. — Prix : 300 fr.

53. Le pantographe.

Ces quatre derniers instruments ne se rapportent pas spécialement à la craniologie. Ils sont faits pour dessiner ou réduire des objets quelconques. Néanmoins, ils sont employés utilement dans le laboratoire d'anthropologie. — Prix : 160 fr.

4° INSTRUMENTS SPÉCIAUX

54. Le goniomètre facial de Jacquart. Fig. 35 et 36. Pour la mensuration de l'angle facial.

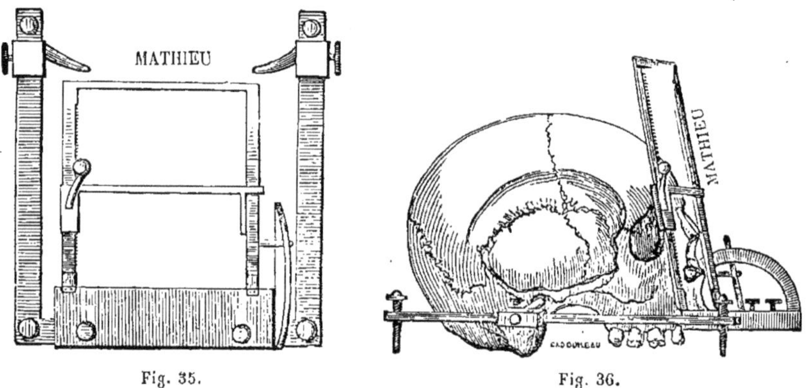

Fig. 35. Fig. 36.

Figure 35, l'instrument rabattu pour être mis dans sa boîte. Figure 36, le goniomètre appliqué sur le crâne. — Prix : 300 fr.

55. Le goniomètre facial de Broca. — *Voir plus haut*, n° 8, fig. 5.

56. **Le demi-goniomètre facial** (Broca). (*Bulletins de la Société d'anthropologie*, mars 1873.)

Le goniomètre facial (n° 8) ne mesure l'angle facial que lorsque le cadran est compris dans un plan exactement parallèle au plan médial du crâne. Sur le vivant, il n'y a qu'un moyen de s'assurer de la bonne direction du cadran : c'est de fixer le goniomètre à la fois dans les deux oreilles, de telle sorte que les deux tourillons auriculaires, mobiles sur les deux branches latérales, marquent, sur ces deux branches, un même nombre de millimètres. Voilà pourquoi le goniomètre facial ordinaire (n° 8) porte deux branches latérales, quoique l'une d'elles seulement soit pourvue d'un cadran. La seconde branche complique beaucoup le maniement de l'instrument, mais cette complication est inévitable.

Le goniomètre facial ordinaire s'applique très-bien sur le crâne sec, mais l'opération est assez longue, même lorsqu'on fait fixer le crâne par un aide. Le demi-goniomètre facial, réduit à une seule branche latérale, rend l'opération beaucoup plus simple et beaucoup plus rapide. Le crâne étant orienté sur la planche à projection (n° 39), il est facile d'orienter la branche qui porte le cadran en la rapportant à des lignes parallèles tracées sur la planche. L'instrument devient ainsi beaucoup plus simple, beaucoup plus léger, moins coûteux, et peut aisément se démonter, de manière à tenir dans une petite boîte longue de 15 centimètres et large de 6. — Prix : 25 fr.

57. **Le goniomètre pariétal** (Quatrefages). Fig. 37. (*Comptes rendus de l'Académie des sciences*, t. XLVI, p. 791.)

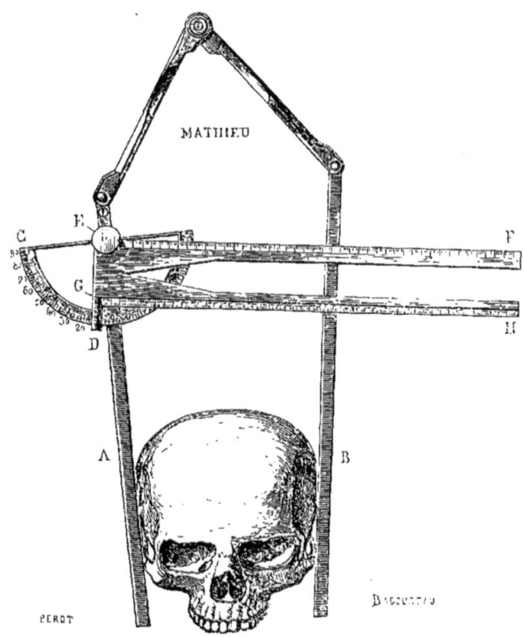

Fig. 37.

Les deux branches A et B d'un long compas articulé sont appliquées sur les côtés du crâne de manière à être tangentes en bas à l'arcade zygomatique, en haut, et plus en arrière, à la partie la plus saillante du pariétal. L'angle pariétal, compris entre ces deux branches, se mesure sur le cadran **C**, qui est rivé sur la branche **A**. Le degré est donné par l'indicateur **D**, qui fait partie d'une pièce rectangulaire mobile **EFGH**, articulée à pivot en **E** par un de ses angles, sur le centre du cadran. Les deux bords de cette pièce rectangulaire sont gradués. On la fait tourner jusqu'à ce qu'elle soit perpendiculaire à la branche **B**, ce qui a lieu lorsque celle-ci marque sur les deux bords **EF** et **GH** un même nombre de millimètres. Dans cette position, l'indicateur **D** marque sur le cadran la valeur de l'angle pariétal. — Prix : 100 fr.

58. Le niveau occipital (Broca). (*Bulletins de la Société d'anthropologie,* 4 juillet 1872.) Fig. 38.

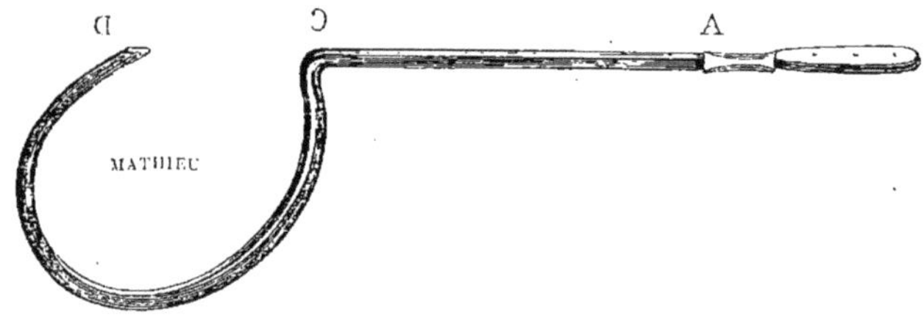

Fig. 38.

La partie rectiligne de l'instrument s'applique sur l'axe du trou occipital, pendant que le bec de la partie recourbée va marquer sur le profil du crâne le niveau du plan du trou occipital, niveau très-variable suivant les races. — Prix : 10 fr.

59. Le goniomètre occipital à arc (Broca). (Voir *Bulletins de la Société d'anthropologie,* 4 juillet 1872.) Fig. 39.

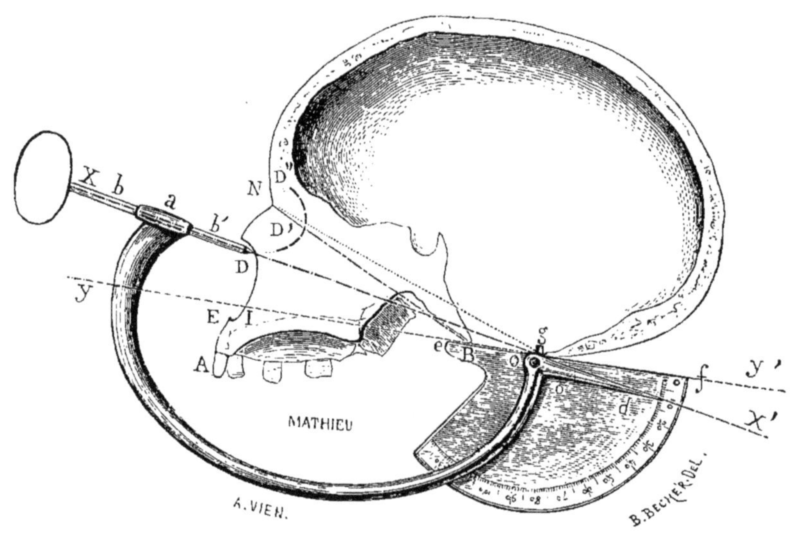

Fig. 39.

Cet instrument permet de lire rapidement et sûrement sur le cadran : 1° l'angle de Daubenton D O Y ; 2° le second angle occipital N O Y ; 3° l'angle basilaire de Broca N B Y.

L'instrument s'applique sur le crâne entier. Pour en montrer la position, on l'a représenté appliqué sur une coupe médiane du crâne.

Le grand arc métallique a O supporte en a une douille dans laquelle se meut la fiche exploratrice b b', et à son autre extrémité O se termine en une aiguille O d dont l'axe est placé sur le prolongement de l'axe de la fiche b b'. En O est adapté un cadran de cuivre qui tourne sur un pivot, en restant toujours dans le plan médian. Le bord droit e f du cadran, correspondant au zéro de la graduation, s'applique sur l'axe du trou occipital, et son centre est arrêté à l'aide d'une petite goupille g sur le point (antérieur ou postérieur) où est le sommet de l'angle à mesurer. En trois secondes on mesure successivement les trois angles indiqués ci-dessus. L'angle de Daubenton est très-souvent négatif et ne peut alors être lu directement sur le cadran. Mais la courbure de l'arc est disposée de telle sorte que lorsque l'aiguille marque zéro, le bord convexe de l'arc marque 100°. On obtient les angles négatifs en retranchant de 100 le nombre de degrés marqués par ce bord sur la graduation. — Prix : 35 fr.

60. Le goniomètre occipital rectangulaire, pour l'anatomie comparée (Broca). Fig. 40.

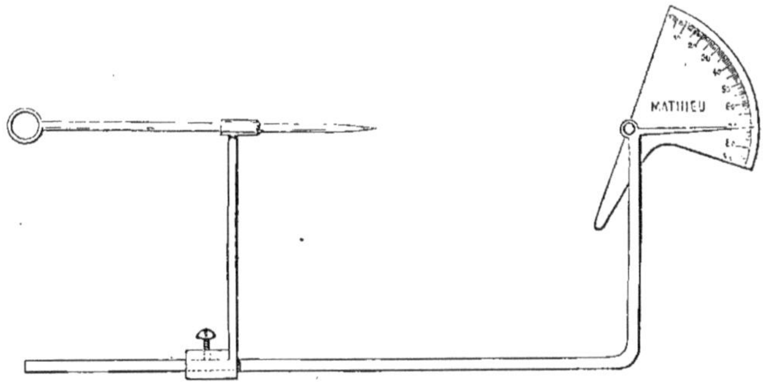

Fig. 40.

C'est l'instrument précédent, dans lequel on a remplacé l'arc par trois branches rectilignes, dont deux sont perpendiculaires à l'aiguille, la troisième étant parallèle à l'aiguille. La douille, qui est traversée par la fiche exploratrice, est fixée sur la seconde branche perpendiculaire, et celle-ci peut avancer et reculer sur la branche parallèle. De la sorte, l'instrument peut s'agrandir ou se raccourcir comme le compas-glissière, et s'adapter sur des têtes de grandeurs variables. En anthropologie, il est d'un maniement beaucoup moins commode que le goniomètre à arc, mais celui-ci, ayant des dimensions fixes, n'est guère applicable qu'à l'homme.

Nous fabriquons deux modèles du goniomètre rectangulaire, un grand et un petit, pour les grands animaux et les petits animaux. — Prix : 35 fr.

61. Le compas à trois branches.

M. de Quatrefages se sert de cet instrument, déjà ancien et bien connu des sculpteurs, pour reporter sur le papier certains triangles de la surface du crâne. Pour en rendre l'usage plus facile et beaucoup plus général, nous y avons ajouté diverses rallonges recourbées. — Prix : 12 fr.

62. Le compas d'épaisseur à trois branches (Broca). (Laboratoire d'anthropologie.) Fig. 41.

La branche médiane est rectiligne et glisse dans une coulisse tournante qui s'adapte sur la traverse graduée du compas d'épaisseur ordinaire. Cet instrument sert à reporter sur le papier tout triangle dont les trois sommets sont sur la surface du crâne, et permet, par conséquent, de mesurer rapidement au rapporteur tout angle dont le sommet est à la surface du crâne.

Nous ne portons ici que le prix de la branche rectiligne. C'est un complément utile du compas d'épaisseur ordinaire. — Prix : 25 fr.

63. Le goniomètre auriculaire (Broca). Fig. 42.
(*Bulletins de la Société d'anthropologie*, février 1873.)

Instrument analogue à l'équerre flexible auriculaire et formé comme elle de deux branches en ressort d'acier, rectilignes au repos et flexibles. (*Voy.* plus haut, n° 11.) La branche A C est mobile à pivot et se prolonge en une pointe qui marque les degrés sur un cadran. Un tourillon en buis, fixé perpendiculairement sur le centre du cadran,

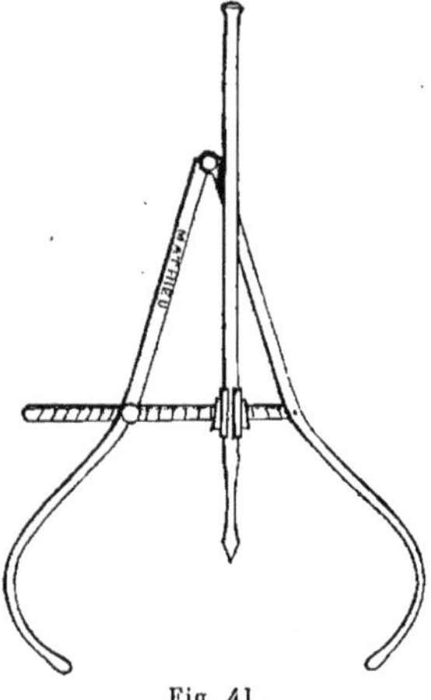

Fig. 41.

est introduit dans le trou auditif; la branche AB est appliquée sur l'épine nasale, et la branche AC est appliquée successivement sur tous les points de la ligne médiane du crâne qui limitent les angles auriculaires.

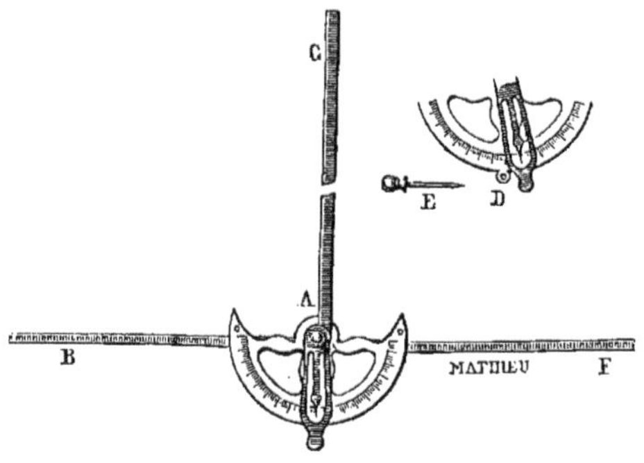

Fig. 42.

Le tourillon en buis peut être enlevé et remplacé par une pointe de métal E, qui traverse perpendiculairement le centre du cadran. On peut ainsi appliquer ce centre sur le sommet de tous les angles superficiels du crâne *et des os longs*, et les mesurer.

Le goniomètre auriculaire peut, en outre, remplacer l'équerre flexible auriculaire dans les recherches anthropométriques. A cet effet, le cadran supporte, au niveau du 90e degré, un petit feston D, percé d'un trou dans lequel pénètre une petite goupille fixée sur le prolongement fenêtré de la branche A C, au delà de l'aiguille. Le mouvement est ainsi arrêté, et l'instrument fonctionne comme l'équerre flexible. — Prix : 35 fr.

64. L'éventail céphalique de Segond. *Comptes rendus de la Société de biologie,* septembre 1856, p. 200.

C'est un grand rapporteur transparent formant un cercle entier et adapté sur une coupe médiane de la tête, de telle sorte que son centre corresponde au bord antérieur du trou occipital. De ce même centre partent divers fils irradiés en éventail et fixés, d'autre part, sur les principaux points du profil du crâne et de la face. — Prix : 5 fr.

65. Le rhinomètre (Broca). Fig. 43.

Fig. 43.

Instrument pour mesurer la hauteur des fosses nasales au niveau du milieu de la voûte palatine. Le bec de l'instrument est appliqué de bas en haut sur la lame criblée de l'ethmoïde ; le manche est tenu horizontalement ; alors, en poussant avec le pouce la petite roue, on fait sortir de l'angle une tige qui descend jusqu'au contact de la voûte palatine. L'étendue du mouvement de la roue donne la hauteur des fosses nasales. — Prix : 38 fr.

66. Le crochet sphénoïdal et la sonde optique. (*Bulletins de la Société d'anthropologie*, 1865, p. 564.) Fig. 44 et 45.

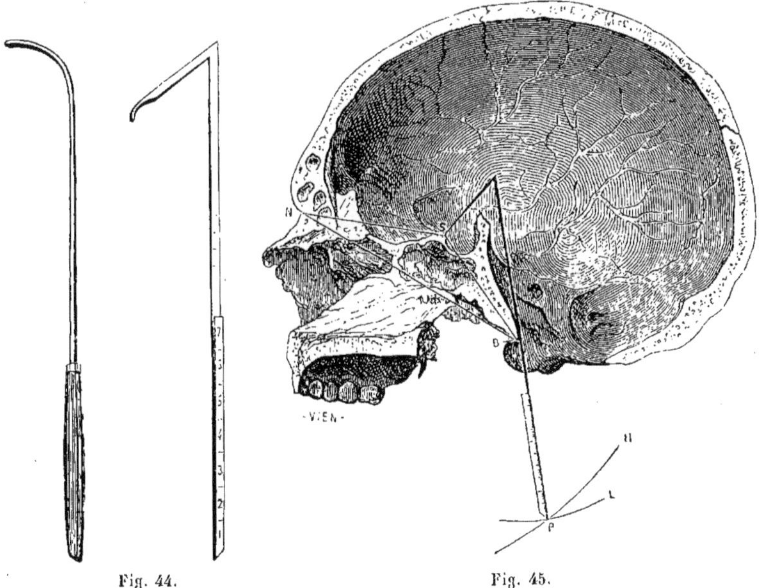

Fig. 44.   Fig. 45.

Ces instruments permettent de mesurer l'angle sphénoïdal de Virchow et Welcker, sans ouvrir le crâne. La sonde optique passée d'une orbite à l'autre, à travers les deux trous optiques, donne la position du sommet de l'angle sphénoïdal ; le crochet sphénoïdal introduit à travers le trou occipital va accrocher la sonde optique, et s'applique d'autre part sur le bord antérieur du trou occipital. La graduation du crochet et la mensuration extérieure de la ligne naso-basilaire permettent de construire le triangle sphénoïdal sur le papier, et de mesurer l'angle sphénoïdal avec le rapporteur.

La figure 45 montre, sur une coupe médiane du crâne, le mode d'application du crochet sphénoïdal. Le bec du crochet est fixé en S sur le sommet de l'angle sphénoïdal NSB, où il est censé arrêté par la sonde optique. La partie droite de la tige est graduée ; elle repose sur le point basilaire B, sur une division millimétrique que l'on note. On mesure alors, à l'extérieur du crâne, la distance NP et la distance NB. A l'aide de ces trois mesures, on construit sur le papier le triangle sphénoïdal sans avoir besoin de scier le crâne. — Prix : 11 fr. 50.

67. Le crochet turcique (Broca). Fig. 46.

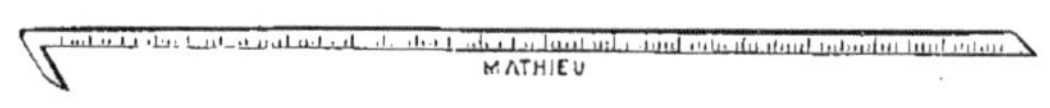

Fig. 46.

Il est semblable au crochet sphénoïdal, si ce n'est que le coude est beaucoup plus court, pour pouvoir accrocher le bord de la lame carrée qui limite en arrière la selle turcique. Cet instrument se manie comme le crochet sphénoïdal, et sert à mesurer l'angle de la selle de Landzert dont le sommet est sur ladite lame carrée. Il donne aussi la longueur de l'apophyse basilaire; il donne enfin, par sa partie extérieure, la direction exacte de la face supérieure de l'apophyse basilaire ou *plan du clivus* de Ecker, et en appliquant alors un rapporteur ordinaire sur le trou occipital, puis sur la face inférieure de l'apophyse, on mesure aisément l'*angle des condyles* de Ecker et l'angle du clivus de Selligman. — Prix : 2 fr.

68. Le porte-empreinte intra-crânien (Broca). *Bulletins de la Société d'anthropologie,* 17 avril 1873.

Une forte lame métallique, large de 25 millimètres et recourbée sur le plat, est introduite à travers le trou occipital et portée, la concavité à plat, jusqu'au-dessus de la lame criblée de l'ethmoïde et de la selle turcique. Elle a été garnie préalablement de cire à modeler; en tirant sur le manche avec un léger mouvement de bascule, on prend et on rapporte à l'extérieur une empreinte sur laquelle on mesure exactement la distance des trous optiques. On connaît en outre toutes les dimensions de la selle turcique et celles de la fosse pituitaire. On peut se servir de cette empreinte pour faire un moule en plâtre. — Prix : 8 fr.

69. Les deux sondes acoustiques intra-crâniennes. (*Loc. cit.*)

Ce sont deux petites tiges droites à quatre pans, terminées par une courte partie recourbée que l'on introduit respectivement dans les deux conduits auditifs internes, à travers le trou occipital. La partie droite de chaque tige est longue de 20 centimètres; une marque bien visible indique le milieu de leur longueur. Sur le milieu de leur longueur, elles portent, l'une une petite pointe, l'autre une petite encoche, afin qu'on puisse les assembler comme les branches d'un forceps.

Les deux sondes étant en place, on les tient chacune d'une main, on les fait croiser par leur milieu en dehors du trou occipital; alors un aide mesure la distance de leurs extrémités extérieures, distance égale à celle des deux trous auditifs internes. — Prix : 5 fr.

70. La sonde optique occipitale. (*Loc. cit.*) Tige de 22 centimètres, cylindrique,

droite dans la plus grande partie de sa longueur, et terminée par un bec recourbé. L'extrémité de ce bec, assez amoindrie pour pouvoir pénétrer dans le trou optique, est creusée d'un pas de vis dans une longueur de 15 millimètres; à la base du pas de vis, la convexité de la sonde porte un bouton assez saillant pour être arrêtée par le trou optique.

La sonde est introduite par le trou occipital. Le bec devient bientôt visible à travers la fente sphénoïdale; en le poussant un peu en dedans, on entre à coup sûr dans le trou optique, et le bec apparaît dans l'orbite, puis, à l'aide d'un écrou de rappel posté au bout d'un petit manche et introduit dans l'orbite d'avant en arrière, on va rejoindre le bec de la sonde, sur lequel on visse l'écrou. La sonde ainsi fixée, on adapte sur son extrémité libre, qui sort par le trou occipital, le double disque à recomposer les compas. (Voir le n° 66.)

La sonde, avec l'écrou de rappel, — Prix : 66 fr.

71. Le double disque à recomposer les compas, pour les mesures intra-crâniennes. (*Loc. cit.*)

Les deux disques, appliqués l'un sur l'autre à l'aide d'un pivot qui leur permet de tourner, peuvent être fixés dans une position quelconque par une vis de pression. Sur l'un des côtés du pivot, le disque inférieur est creusé d'un canal droit que traverse l'une des branches du compas ; le disque supérieur est creusé, sur sa face supérieure, d'une gouttière droite, à pans rectangulaires, dans laquelle on introduit ensuite la seconde branche du compas. Ces deux branches sont rectilignes dans leur partie extra-crânienne ; leur extrémité intra-crânienne présente une disposition droite ou courbe suivant les points sur lesquels on l'applique. Pour trouver ces points, on peut au besoin se servir du miroir.

La première branche, armée du double disque, est portée, à travers le trou occipital, sur le premier point de repère. Pendant qu'un aide la fixe dans cette position, on porte la seconde branche vers le second point de repère ; alors on fait tourner le disque supérieur jusqu'à ce que la seconde branche se loge dans sa gouttière. On serre la vis ; on détermine par les graduations la position des branches quant à leur longueur ; puis on décompose le compas, on le retire du crâne, on le recompose tel qu'il était dans le crâne, et on mesure sur ses deux extrémités la distance des deux points de repère.

On obtient ainsi, en particulier, en prenant pour branches du compas recomposé la sonde acoustique et la sonde optique intra-crânienne, la distance qui sépare le trou optique du trou auditif interne. En combinant cette mesure avec celles des n°ˢ 63 et 64, on construit aisément sur le papier le trapèze *intra-crânien*, formé à l'intérieur du crâne par les deux trous optiques et les deux trous auditifs internes. — Prix : 11 fr.

72. Le crânioscope (Broca). *Bulletins de la Société d'anthropologie*, avril 1873. Fig. 47.

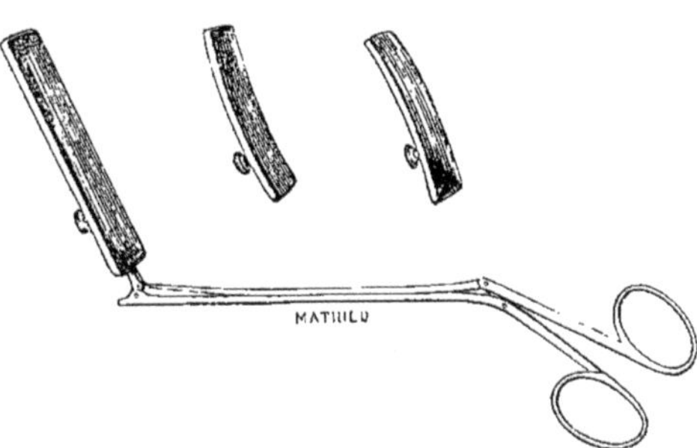

Fig. 47.

Appareil destiné à examiner, à travers le trou occipital, la surface interne du crâne. L'ophthalmoscope simple, dont l'auteur se servait dans l'origine, ne montre qu'une partie de la voûte du crâne et n'en éclaire qu'une très-petite portion à la fois. Pour examiner toute la surface interne du crâne, il faut recourir à l'emploi des miroirs et à un éclairage spécial.

L'appareil se compose de trois parties : l'*éclaireur*, les *miroirs*, et le *porte-miroir*.

L'*éclaireur* est une grande lentille plano-convexe, large de 10 centimètres, portée sur un pied vertical et tournant autour d'un axe horizontal. En plaçant une lampe à 40 centimètres du côté de la convexité, on obtient du côté de la surface plane, sur un écran placé à 40 centimètres, un cercle lumineux large de 3 centimètres. Le crâne étant couché sur le côté et posé sur un pied de lampe, dans une soucoupe pleine de sable, on tourne le trou occipital vers la lampe, de sorte que tous les rayons lumineux, réunis par la lentille, sont introduits dans le crâne, dont la cavité se trouve éclairée *à giorno*.

(L'éclairage électrique par un fil de platine incandescent introduit soit dans la fente sphénoïdale, soit dans le trou occipital, donne une lumière plus intense, mais éblouit l'observateur et gêne le maniement des miroirs. L'éclairage au moyen de la lentille est donc préférable. L'éclairage par le miroir sur lequel on projette les rayons d'une lampe, à l'aide de l'ophthalmoscope ou du laryngoscope, est beaucoup moins efficace que celui de la lentille.)

Les *miroirs* sont rectangulaires, larges de 3 centimètres, longs de 8. Dans les cas exceptionnels où la longueur du trou occipital est inférieure à 3 centimètres, on emploie des miroirs larges seulement de 25 millimètres.

Les miroirs sont au nombre de trois : l'un plan, le second convexe, et le troisième concave. Le miroir plan reflète les parties dans leur grandeur naturelle et sans déformation, mais ne montre à la fois qu'une surface dont les dimensions sont peu supérieures à celles du miroir lui-même. Lorsqu'on veut embrasser d'un seul coup d'œil une surface plus étendue, on emploie le miroir convexe; mais les images sont réduites et quelque peu déformées. Enfin le miroir concave, qui donne des images grossies, montre les petits détails, tels par exemple que les trous de la lame criblée. (Fig. 45.)

Les trois miroirs ont chacun une garniture métallique qui permet de les adapter alternativement sur le porte-miroir.

Le *porte-miroir* est analogue à celui du rhinoscope des chirurgiens (fig. 46). La pièce terminale sur laquelle le miroir est adapté est articulée à l'extrémité d'une double tige coudée, et obéit à l'action d'une pince à anneaux tenue de la main droite. On peut ainsi faire varier de 45° le plan du miroir et lui donner une direction parallèle à celle de la surface que l'on examine, condition nécessaire pour étudier convenablement les images.

Toutes les parties de la cavité crânienne qu'on n'aperçoit pas directement à travers le trou occipital, peuvent être examinées à l'aide des miroirs. — Prix : 50 fr.

On peut doubler la largeur du miroir plan en refermant comme un livre deux miroirs plans de 3 centimètres de large, qu'on introduit repliés à travers le trou occipital et qu'on déploie ensuite dans le crâne.

5° AUTRES INSTRUMENTS CONSTRUITS POUR LE LABORATOIRE D'ANTHROPOLOGIE

73. Le pivot de Charles Bell.
Nous y avons ajouté une glissière coudée analogue au pachymètre n° 26, pour obtenir à la fois l'épaisseur du crâne et la position du vertex de Ch. Bell. — Prix : 20 fr.

74. Le châssis de Pierre Camper.
Pour obtenir le dessin géométral du crâne par projection sur un plan vertical. — Prix : 30 fr.

75. Le cadre de Leach.
Désigné par Al. Monro sous le nom de craniomètre. — Prix : 25 fr.

76. Le double cadre de Lucæ.
Pour obtenir le dessin géométral du crâne par projection sur un plan horizontal. — Prix : 50 fr.

77. Le gonio-craniomètre de Leach.
Pour mesurer l'angle basi-facial supérieur de Barclay. — Prix : 35 fr.

78. Le craniomètre de Barclay. — Prix : 55 fr.

79. Le craniomètre de Barnard Davis. — Prix : 28 fr.

80. Le goniomètre de Morton. — Prix : 100 fr.

Ces huit instruments, destinés aux démonstrations des cours de craniologie, ont été construits sans modèles, d'après les descriptions ou les figures publiées par leurs auteurs.

81. Le craniomètre de Busk, d'après un modèle venu de Londres. — Prix : 20 fr.

82. L'appareil de Mantegazza, pour mesurer l'aire du trou occipital. D'après un modèle venu de Florence. — Prix : 20 fr.

6° INSTRUMENTS POUR LE CUBAGE DES CRANES

Depuis que les commissaires de la Société d'anthropologie ont démontré que le volume occupé dans un vase gradué par une quantité déterminée de plomb de chasse, varie notablement suivant la hauteur du vase, le calibre de l'entonnoir, sa position et sa direction, et enfin suivant le numéro du plomb employé, il est devenu nécessaire d'adopter un type invariable pour chacun des instruments de cubage. Nous nous chargeons donc de fournir les types adoptés par la Société d'anthropologie. (*Mémoires de la Société d'anthropologie, t. IV*).

83. 1° Le fuseau pour bourrer le plomb dans le crâne. — Prix : 1 fr.

84. 2° Le litre réglementaire, en étain, poinçonné, pour mesurer le premier litre. — Prix : 5 fr. 50.

85. 3° Le demi-litre gradué, en verre, haut de 40 centimètres, pour mesurer le supplément. — Prix : 6 fr.

86. 4° L'entonnoir en fer-blanc et son opercule en bois, pour introduire le plomb dans le vase précédent, suivant une direction verticale et dans l'axe de ce vase. La largeur du goulot est de 20 millimètres. — Prix : 2 fr. 50.

87. 5° Le double litre en fer-blanc, vase à large ouverture, non gradué, dans lequel on déverse le plomb contenu dans le crâne. — Prix : 2 fr.

88. 6° La manette pour manier le plomb. — Prix : 1 fr.

89. 7° Une boîte en chêne, contenant deux litres de plomb n° 8. — Prix : 8 fr.

C

OSTÉOMÉTRIE

90. L'ostéomètre. (Laboratoire d'anthropologie.)
C'est une planche graduée; un rebord haut de 10 centimètres fixé perpendiculairement sur l'extrémité où est le zéro, sert à fixer l'une des extrémités de l'os à mesurer. Une équerre à main permet de déterminer sur l'échelle graduée la position de l'autre extrémité de l'os. — Prix : 8 fr.

91. Le goniomètre des os longs. (Laboratoire d'anthropologie.)
C'est un grand rapporteur transparent, en corne, dont le centre est traversé par une fiche qui se fixe sur le sommet de l'angle. Les degrés sont marqués sur ce rapporteur par une grande aiguille longue de 50 centimètres qui marque la direction de la diaphyse de l'os. Le goniomètre des os longs peut s'adapter, à l'aide de deux œillets, sur le talon de l'ostéomètre. — Prix : 10 fr.

92. Le porte-empreinte diaphysaire (Laboratoire d'anthropologie), destiné à obtenir le dessin de la coupe transversale des os longs, sans les scier.
Deux demi-ellipses, susceptibles de s'écarter et de se rapprocher par un mouvement régulier, supportent sur leur concavité deux cuvettes qui permettent d'obtenir instantanément le moule en cire à modeler de la diaphyse d'un os long, dans une hauteur de deux centimètres. Dans ce moule en cire, on obtient aisément une épreuve en plâtre. — On peut d'ailleurs obtenir directement le creux en plâtre. — Prix : 18 fr.

PARIS. — TYPOGRAPHIE DE HENRI PLON, 8, RUE GARANCIÈRE

www.ingramcontent.com/pod-product-compliance
Ingram Content Group UK Ltd.
Pitfield, Milton Keynes, MK11 3LW, UK
UKHW022357120726
13694UKWH00005B/1937